Der Werdegang der Entdeckungen und Erfindungen

Unter Berücksichtigung
der Sammlungen des Deutschen Museums und
ähnlicher wissenschaftlich = technischer Anstalten

herausgegeben von

Friedrich Dannemann

9. Heft:

Die Entwicklung der Chemie zur
Wissenschaft

München und Berlin 1922
Druck und Verlag von R. Oldenbourg

Die Entwicklung der Chemie
zur Wissenschaft

Von

Dr. W. Roth

Mit 6 Abbildungen im Text

München und Berlin 1922

Druck und Verlag von R. Oldenbourg

1. Einleitung.

»Die Chemie ist eine französische Wissenschaft«, so begann gegen Ende der sechziger Jahre des vorigen Jahrhunderts ein berühmter französischer Chemiker, ein Elsässer von Geburt, eine kleine chemische Schrift. Die Chemie eine französische Wissenschaft? Allenthalben erkennt man doch an, daß gerade in Deutschland chemische Wissenschaft, chemische Forschung und chemische Technik einen unvergleichlich hohen Stand erreicht haben, und da soll die Chemie französischen Ursprungs, französischen Geistes sein? Ebensogut könnte man behaupten, daß die Chemie eine ägyptische Wissenschaft sei; denn ohne Zweifel hat die Chemie die erste Pflege und die erste Förderung in den Tempeln ägyptischer Priester erfahren. Von dort ging chemisches Wissen und Können aus, von dort verbreiteten sie sich über die Völker des Orients und Okzidents, bis sie, namentlich bei den Arabern, eine besondere Heimstätte erlangten. Chemische Tatsachen und chemische Vorgänge wurden natürlich vielfach schon im Altertum beobachtet, ausgenutzt und zum Teil auch wieder vergessen. Von Chemie als Wissenschaft kann man aber im Altertum und im frühen Mittelalter im heutigen Sinne des Wortes nicht gut sprechen. Erst als im Verlaufe des 16. und 17. Jahrhunderts auf allen Gebieten des menschlichen Wissens die freie Forschung mehr und mehr Fuß faßte, als man sich von den Fesseln der Scholastik und des Autoritätsglaubens frei gemacht hatte, als Universitäten gegründet wurden, als weiter durch die Erfindung der Buchdruckerkunst die Verbreitung des Wissens immer mehr gefördert wurde — da erlangte auch die Chemie den Rang einer Wissenschaft. Ein bestimmter Zeitpunkt läßt sich dafür nicht angeben, ebensowenig aber auch ein bestimmtes Land, in dem die Chemie sich zur Wissenschaft entwickelt hätte. Denn Wissenschaft und Kunst gehören keinem einzigen Lande an, sie können nur gedeihen durch das Zusammenarbeiten und die gegenseitige Befruchtung verschiedener Länder, verschiedener geistiger Befähigungen und Strömungen.

2. Die Zeitalter der Alchemie und Iatrochemie.

Wenn wir den Ursprung der Chemie in Ägypten annehmen, so weisen dahin auch die ersten Versuche, aus der Chemie Nutzen zu ziehen, die ersten Bestrebungen zur Alchemie. Alchemie — dem Worte nach nichts anderes als Chemie mit dem arabischen Artikel »al«, auf deutsch also »die Chemie« — ist das Streben, unedle Metalle, wie Kupfer, Blei, in wertvolle, edle Metalle, wie Silber und Gold, zu verwandeln. Diese Umwandlung sollte ein

Abb. 1. Das alchemistische Laboratorium des Deutschen Museums.

rätselhafter Stoff, der »Stein der Weisen«, bewirken. Und Jahrhunderte lang, bis in die Neuzeit hinein, bemühten sich Männer aus allen Ständen und Berufen, den »Stein der Weisen« zu gewinnen. Dieser sollte auch gleichzeitig dazu dienen, alle Krankheiten zu heilen und das Leben zu verlängern. Und so entwickelte sich aus der Alchemie die »Medizinische Chemie« — im 16. und 17. Jahrhundert —, in dem sich die Chemie ganz in den Dienst der Medizin stellte und als ihre Hauptaufgabe die Herstellung von Heilmitteln betrachtete.

Bei den alten Völkern bestanden letztere fast nur aus natürlich vorkommenden Stoffen, meist aus Säften ohne weitere Zubereitung. Allerdings hatten die Araber, die ja bedeu-

tende Ärzte waren, den Mitteln der Alten einige neue zuge-
fügt, die auf chemischem Wege bereitet wurden, und die Zahl
dieser chemischen Mittel nahm allmählich auch bei den übrigen
Völkern zu. Es war besonders Paracelsus, der eine enge
Verbindung der Chemie mit der Medizin einleitete und es geradezu
aussprach: »Der wahre Zweck der Chemie ist nicht, Gold zu machen, sondern Arzeneien zu bereiten.« Nach Paracelsus liegt
dem Chemiker die Pflicht ob, Heilmittel zu entdecken, sie zweck-
mäßig darzustellen und sie chemisch zu untersuchen. Der Arzt
dagegen sollte die Heilmittel auf ihre Wirkung prüfen und diese
erklären.

Diese neue Richtung war für die Chemie von großer Bedeutung und großem Nutzen. Sie wurde auf eine höhere Stufe
gehoben. Sie gelangte aus den Händen der meist ungebildeten
Laboranten und Alchemisten in die von Männern, die dem Ge-
lehrtenstande angehörten und über eine wissenschaftliche Bildung
verfügten. Der Begründer dieses Zeitalters der medizinischen
Chemie, auch Iatrochemie genannt, von dem griechischen Worte
ἰατρός, Arzt, gebildet, ist der schon genannte Paracelsus. Sein
Charakterbild schwankte lange in der Geschichte. Neuerdings ist
festgestellt worden, daß Paracelsus manche Übertreibung vorge-
worfen wurde, an der nicht er, sondern seine Schüler schuld waren.

Paracelsus, 1493 als Sohn eines Arztes in Einsiedeln in
der Schweiz geboren, wurde von seinem Vater in der Heilkunde,
der Astrologie und der Alchemie unterrichtet. Er unternahm
abenteuerliche Fahrten durch aller Herren Länder und kam dann
als ein durch seine Wunderkuren berühmter Arzt in die Schweiz
zurück. Der Rat der Stadt Basel übertrug ihm bald darauf die
Professur für Heilkunde an der Universität und die Stelle eines
Stadtarztes in Basel. Sogleich tat er den ersten revolutionären
Schritt, indem er, entgegen dem Gebrauch, seine Vorträge nicht
in lateinischer Sprache, sondern in deutscher hielt und die bisher
geltenden Autoritäten, Galen (2. Jahrhundert n. Chr.) und
Avicenna (um 1000 n. Chr.) angriff. Beim Beginn seiner Vorlesungen verbrannte Paracelsus vor den Augen seiner Zuhörer die
Werke dieser Ärzte und versicherte, »in seinen Schuhriemen stecke
mehr Gelehrsamkeit als in diesen Schriften«. Man kann sich denken,
daß Paracelsus bald mit seinen Kollegen und dem Baseler
Magistrat in Streit und Zerwürfnis geriet und nach kurzem Auf-
enthalt Basel verlassen mußte. Er schweifte dann ruhelos umher
und starb schließlich in ärmlichen Verhältnissen.

Für den Gebrauch chemischer Heilmittel führte Paracelsus auch theoretische Gründe an. Nach ihm ist der gesunde menschliche Körper eine Vereinigung gewisser chemischer Stoffe. Wird ihr Verhältnis irgendwie geändert, so entstehen Krankheiten, und diese können wieder nur durch chemische Heilmittel, die jene Änderungen ausgleichen, behoben werden. Es ist dies einer der ersten Versuche, die Vorgänge im menschlichen Körper auf mechanischem Wege zu erklären. In der kühnsten Weise wandte Paracelsus chemische Mittel und Gifte zur Heilung von Krankheiten an, wie z. B. Höllenstein (salpetersaures Silber), Sublimat, Bleizucker, Eisentinkturen usw.

Durch die Einführung dieser neuen Mittel gab Paracelsus außer der Medizin auch dem Apothekerwesen einen neuen Anreiz und Anstoß. Bis zum 15. Jahrhundert waren die Apotheken nichts anderes als Niederlagen von allerlei Wurzeln, Kräutern, Sirupen. Um die neuen Arzneimittel herzustellen, waren gewisse chemische Kenntnisse erforderlich. Und so mußten sich fortan die Apotheker auch mit der Chemie und chemischen Arbeitsweisen befassen. So ist Paracelsus, mag seine hochfahrende Art, sein unstetes Wesen, seine Gewaltkuren, seine Streitsucht auch in mancher Beziehung zum Widerspruch reizen, doch von grundlegender Bedeutung für die Chemie, für die Medizin und die Pharmazie geworden.

Nach dem Tode des Paracelsus entstand zwischen den Anhängern seiner Lehre und ihren Gegnern ein großer Streit. Seine Schüler kamen ihm aber an Geist und Geschicklichkeit nicht gleich; sie wandten rücksichtslos giftige Präparate als Arzneien an und stifteten dadurch oft großes Unheil. Es kam so weit, daß das Pariser Parlament die Verordnung von Antimonpräparaten verbot. Und die Medizinische Fakultät in Paris verdammte jeden Versuch, in der Medizin irgendwelche chemische Präparate zu verwenden.

Zu dem Mißkredit der Lehren des Paracelsus trug von seinen Schülern besonders Thurneyßer bei, der auch durch alchemistische Betrügereien von sich reden machte. Gegen die Sucht, gewöhnliche Arzneimittel als kostbare Medikamente zu teuren Preisen zu verkaufen, trat besonders Libavius auf. Er bemühte sich, die beiden Richtungen, die alte Galenische Schule mit der iatrochemischen zu vereinigen. In gleicher Richtung wirkte auch van Helmont, der um 1600 lebte. Er besaß eine gründliche wissenschaftliche Bildung und genoß einen großen

Ruf als Arzt. Van Helmont beschäftigte sich eifrig mit experimentellen Arbeiten und machte wichtige Beobachtungen. Auffallend ist bei dem sonst nüchternen Wesen van Helmonts sein Glaube an das Übernatürliche und an das Wunderbare. So behauptet er in seinen Schriften, in allen wichtigen Lagen seines Lebens erscheine ihm ein Genius, der ihm beistehe. Auch schreibt er einmal, seine eigene Seele sei ihm in Gestalt eines helleuchtenden Kristalles erschienen. Der Hauptbestandteil aller Dinge ist nach ihm das Wasser. Wasser ist in Ölen, im Weingeist, im Wachs, kurz in allen verbrennlichen Stoffen, ebenso aber auch in den Organismen enthalten. Van Helmont ist vor allem der Begründer der Chemie der Gase gewesen. Zwar war es schon vor ihm bekannt, daß es luftähnliche Stoffe gibt, die nicht die Eigenschaften der gewöhnlichen Luft besitzen, aber van Helmont hat zuerst Gase wie Wasserstoff, Kohlensäure, schweflige Säure als verschieden von der Luft erkannt und das Wort Gas in den Gebrauch eingeführt. Dieses Wort Gas hat van Helmont, wie er selbst sagt, im Anklang an das Wort Chaos gewählt[1]).

Streng unterschied van Helmont die Gase von den Dämpfen, und zwar in der lange gültigen Weise, daß als Gase solche luftartigen Körper zu betrachten sind, die durch Abkühlung nicht verdichtet werden können, während Dämpfe durch Abkühlung verflüssigt und nur durch Zuführung von Wärme in ihrem luftförmigen Zustande erhalten werden. Eingehend untersuchte van Helmont die Kohlensäure. Er zeigte, wie sie aus Kalksteinen oder aus Pottasche durch Säuren entsteht, wie sie sich bei dem Verbrennen von Kohlen, bei der Gärung und bei manchen anderen Vorgängen bildet. Er erkannte die Kohlensäure auch in Mineralwässern und wies auf das Vorkommen von Kohlensäure in der Hundsgrotte von Neapel und in anderen unterirdischen Höhlen hin. Auch die Eigenschaften der Kohlensäure, daß sie Lichter auslischt und Tiere erstickt, beschreibt van Helmont, wenn auch natürlich manchmal noch Verwechslungen dieses Gases mit anderen vorkamen. Denn ihm standen doch nicht die Hilfsmittel zur Verfügung, wie wir sie heute zum Aufsammeln von Gasen haben. Er hatte aber schon bemerkt, daß die Luft an Volumen abnimmt, wenn Körper darin verbrannt werden, ohne indessen dieser Beobachtung großen Wert beizulegen.

---

[1]) Auch bei Paracelsus findet sich schon das Wort »Gas«.

Auch in der Medizin hat van Helmont originelle Ansichten ausgesprochen und die Gedanken des Paracelsus weiter entwickelt. Vor allem hat er sich bemüht, mit den Säften und den Ausscheidungen des tierischen Körpers Versuche anzustellen, und so zu den Grundlagen der physiologischen Chemie beigetragen. Einen großen Einfluß übt im menschlichen Körper nach van Helmont die Gärung aus. Gärung ist nach ihm die Ursache der Bildung organischer Wesen aus ähnlichen, schon vorhandenen; durch Gärung entstehen nach ihm aus dem Blute die zur Ernährung erforderlichen Säfte; Gärung ist die Ursache aller Fortpflanzung und Entwicklung. Ein klares Bild, was unter dieser Gärung eigentlich zu verstehen ist, läßt sich aus den Schriften van Helmonts nicht gewinnen; jedenfalls aber hat er den wissenschaftlichen Geist in der Medizin gestärkt und vielfach zweckmäßige Vorschriften zur Bereitung von Arzneimitteln angegeben.

3. Hervorragende technische Chemiker des 16. und 17. Jahrhunderts.

Durch Übertreibungen bei der Anwendung von chemischen Mitteln untergrub das iatrochemische System immer mehr sein Fundament, namentlich auch dadurch, daß es alle Vorgänge im menschlichen Körper auf rein chemischem Wege zu erklären suchte. Ein englischer Iatrochemiker ging sogar so weit, daß er die Tätigkeit eines Arztes mit der eines Weinhändlers verglich, der bloß darauf zu achten habe, daß im Körper die nötigen Gärungen regelmäßig erfolgen. Die Chemie selbst aber hatte in den vorangegangenen Jahrhunderten mehr und mehr gelernt, sich nur auf die Erfahrungen und das Experiment zu stützen, und konnte unmöglich länger Erklärungen dulden, die in der Erfahrung keine Stütze fanden. Die Iatrochemiker nahmen dagegen in allen Teilen des Körpers Säuren, Salze, Gärungen usw. an, ohne etwas Bestimmtes über die Art und das Wesen dieser Dinge angeben zu können. So trat allmählich eine gewisse Ernüchterung ein. Die Chemie begann sich mehr und mehr von der Medizin zu trennen, wie anderseits auch Männer auftraten, die sich um den Streit hie Paracelsus — hie Galenus nicht kümmerten und sich nur mit der praktischen Chemie beschäftigten.

Ein derartiger Praktiker war Agricola (geb. um 1500), der später den Ehrennamen eines »Vaters der Mineralogie« erhielt und sich große Verdienste um das Berg- und Hüttenwesen erworben hat. Zu rühmen ist vor allem seine klare, anschauliche Sprache und die genaue Beschreibung der von ihm empfohlenen Apparate und Einrichtungen. Aus dem Auslande ist hier vor allem der Franzose Palissy zu nennen, ferner der Deutsche Glauber (geb. um 1600). An ihn erinnert noch heute das Glaubersalz (schwefelsaures Natrium), das von ihm in den Arzneischatz eingeführt wurde. Eine Schrift von Glauber mutet uns ganz

Abb. 2. Glaubers Destillierapparat.
A = Ofen, C = Retorte, D = Schnitt durch C.

modern an. Sie lautet: »Teutschlands Wohlfahrt«. In diesem Werke tritt Glauber dafür ein, durch Ausnutzung aller natürlichen Hilfsmittel Deutschland in den Stand zu setzen, seinen Wohlstand zu heben. Und wir haben ja in der bitteren Kriegszeit gesehen, daß wir noch lange nicht genügend über die Vorräte und die Schätze unseres Vaterlandes unterrichtet sind.

4. Wissenschaftlicher Geist in der Chemie.

Nachdem die Chemie sich immer mehr von der Medizin entfernt hatte und sich in erster Linie auf wirkliche Beobachtungen zu stützen anfing, da trat sie auch in nähere Beziehungen zu der Physik und den andern Naturwissenschaften. Diese Beziehungen wurden gefördert durch die im 17. Jahrhundert gegründeten gelehrten Gesellschaften. Eine der ersten Gesellschaften war die Londoner Royal Society, dann folgte die Pariser Akademie und schließlich 1700 die Berliner, die der Philosoph Leibniz ins Leben rief. Einer der Stifter der Royal Society war Robert

Boyle. Er legte, vom Geiste echter Naturforschung beseelt, das Programm der Chemie in folgenden Worten nieder: »Die Chemiker haben sich bisher durch enge Prinzipien, die der höheren Gesichtspunkte entbehren, leiten lassen. Sie erblickten ihre Aufgabe in der Bereitung von Heilmitteln, in der Extraktion und Transmutation der Metalle. Ich habe versucht, die Chemie von einem ganz anderen Gesichtspunkte zu behandeln, nicht wie dies ein Arzt oder Alchemist, sondern ein Philosoph tun sollte. Ich habe den Plan einer chemischen Philosophie gezeichnet, die, wie ich hoffe, durch meine Versuche und Beobachtungen vervollständigt werden wird. Läge den Menschen der Fortschritt der wahren Wissenschaft mehr am Herzen als ihre eigenen Interessen, dann könnte man ihnen leicht nachweisen, daß sie der Welt den größten Dienst leisten würden, wenn sie all ihre Kräfte einsetzten, um Versuche anzustellen, Beobachtungen zu sammeln und keine Theorie aufzustellen, ohne zuvor die darauf bezüglichen Erscheinungen geprüft zu haben.«

Es ist das Verdienst von Boyle, die experimentelle Methode zur Grundlage der chemischen Forschung gemacht und sie dadurch auf den Standpunkt der anderen exakten Naturwissenschaften erhoben zu haben. Seine Bedeutung für die Chemie liegt auch darin, daß Boyle zum ersten Male den Begriff Element festlegte. Nach ihm sind »Elemente die nachweisbaren, nicht zerlegbaren Bestandteile der Körper«. — Auch den Begriff einer chemischen Verbindung erkannte Boyle bereits, wie er auch die »Verwandtschaft« als Ursache einer chemischen Verbindung annimmt und bereits deutlich zwischen »Gemengen« und »wahren chemischen Verbindungen« unterscheidet. Die Stoffe selbst bestehen nach Boyle aus ganz kleinen Teilchen, Korpuskeln. Und durch Aneinanderlagerung der sich gegenseitig anziehenden Teilchen verschiedener Stoffe entsteht eine chemische Verbindung. Boyle hatte also bereits ganz klare, bestimmte Vorstellungen über die Hauptbegriffe der Chemie. Dabei ist interessant, daß er annahm, alle Stoffe beständen aus einer und derselben Urmaterie, und die zahllosen Verschiedenheiten seien nur durch die ungleiche Größe, durch die ungleiche Gestalt und durch die verschiedene Lage der Korpuskeln, d. h. der kleinsten Teilchen, bedingt. Für seine theoretischen Ansichten suchte Boyle stets durch Versuche Beweise zu erbringen. Er hat auch die einzelnen chemischen Substanzen genauer erforscht und ist dadurch der eigentliche Gründer der analytischen Chemie geworden. Jedenfalls hat er zuerst den Namen »Analyse« in der seitdem üblichen Bedeutung gebraucht. Boyle war es, der zuerst Pflanzensäfte als Erkennungsmittel, wie wir sie heute noch brauchen, in die Analyse einführte. Er benutzte die verschiedenen Färbungen des Saftes von Lackmus, von Veilchen und Kornblumen in Lösung oder auf Papier fixiert zur Erkennung von Säuren, Basen und neutralen Substanzen. Ebenso gab er Reaktionen zum Nachweis von Schwefelsäure, Salzsäure, Kupfersalzen, Ammoniak an. Viele der noch heute üblichen einfachen Reaktionen in der analytischen Chemie stammen von Boyle her oder werden wenigstens von ihm zuerst erwähnt. Jedenfalls hat er die analytische Prüfung, die bisher sich fast ausschließlich der Hitze bediente, vielfach auch auf dem nassen Wege vorgenommen. Auch der Metallurgie hat Boyle dadurch genützt, daß er für die analytische Prüfung der Erze und der Brennmaterialien eintrat und in der Metalldarstellung wie auch in der Farbenbereitung Verbesserungen empfahl.

Bemerkenswert ist, daß schon vor Boyle ein deutscher Zeitgenosse namens Jungius, der lange Zeit Rektor eines Hamburger Gymnasiums war, ähnliche klare Vorstellungen über den Begriff Element und über die Zusammensetzung der Stoffe besaß. Seine Schriften haben aber weniger Beachtung gefunden, weil sie, im Gegensatz zu den Werken von Boyle, unverständlich geschrieben waren und sich einer gesuchten Terminologie bedienten. Ähnlich erging es einem englischen Forscher namens Mayow (um 1650), der schon lange vor Lavoisier ganz richtig erkannte, daß die Verbrennung sowie die Oxydation von Metallen auf eine Verbindung der betreffenden Stoffe mit dem Sauerstoff der Luft zurückzuführen sind. Mayow starb aber sehr jung. Seine Versuche blieben unberücksichtigt und waren ohne Einfluß auf die weitere Entwicklung der Chemie. Dagegen war der Franzose Lemery durch sein weit verbreitetes Lehrbuch der Chemie, Homberg durch seine Experimentalarbeiten, sowie vor allem Kunckel von Bedeutung für die nachfolgende Zeit.

Kunckel wurde 1630 als Sohn eines Alchemisten geboren. Er war zunächst Apotheker, beschäftigte sich dann aber hauptsächlich mit Alchemie. Bei verschiedenen Höfen war er als Alchemist angestellt und wurde schließlich von dem Kurfürsten Friedrich Wilhelm von Brandenburg als Direktor des alchemistischen Laboratoriums nach Berlin berufen. Der Kurfürst schenkte ihm die Pfaueninsel bei Potsdam, damit er dort ein Laboratorium errichten sollte. Nach dem Tode des Fürsten fühlte er sich in Berlin nicht mehr sicher. Er zog sich auf ein Landgut in der Mark Brandenburg zurück; schließlich ging er nach Stockholm und soll dort gestorben sein. Nach anderen Berichten hat es Kunckel aber auch in Schweden nicht lange ausgehalten.

Man sieht aus dem unruhigen Lebenswandel, daß Kunckel den Erwartungen seiner Gönner, ihnen das versprochene Edelmetall zu liefern, nicht entsprechen und daher nie länger an einem Orte bleiben konnte. Denn er war anderseits zu ehrlich, die Fürsten durch Schwindeleien zu täuschen und hinzuhalten, wie es andere Alchemisten vielfach taten. Dabei war Kunckel noch ganz und gar Alchemist und überzeugt von der Existenz des »Steins der Weisen«. Gegen Betrügereien anderer Alchemisten ging er aber, wo er nur konnte vor und ebenfalls gegen die Iatrochemiker, die sog. Goldtinkturen als Allheilmittel zu hohen Preisen verkauften. In Wirklichkeit enthielten diese Tinkturen gar kein Gold, sondern bestanden, wie Kunckel nachwies, aus gewürztem Branntwein, der durch einen Zusatz von gebranntem Zucker goldgelb gefärbt war.

Kunckel hat eingehende Vorschriften für die Glasbereitung ausgearbeitet und für den kurz vorher entdeckten Phosphor eine gute Darstellungsmethode angegeben. Manchmal tut allerdings Kunckel in seinen Schriften so, als ob er auch der Entdecker des Phosphors gewesen sei. Doch ist dieser zuerst von einem Hamburger Alchemisten Brand 1669 gewonnen worden, als er durch Destillation von eingedampftem Harn einen »Stoff« gewinnen wollte, der Silber in Gold verwandeln könnte. Der Phosphor erregte seinerzeit infolge seiner Eigenschaft, im Dunkeln zu leuchten, großes Aufsehen. Die meisten Chemiker der damaligen Zeit beschäftigten sich mit ihm.

5. Die Phlogistontheorie und ihre Gründer.

Ein unstetes Leben wie Kunckel führte auch Becher, der für die weitere theoretische Entwicklung der Chemie von Bedeutung wurde und die Grundlage zur phlogistischen Theorie schuf. Becher war 1635 als Sohn eines Predigers in Speier geboren und sah sich infolge des frühen Todes seines Vaters genötigt, sich und seine Angehörigen durch Unterrichten zu ernähren. Dabei suchte er sich selbst möglichst weiterzubilden. Durch die Schwere seiner Jugend blieb er aber sein Leben lang verbittert, und auch unter besseren äußeren Verhältnissen war er nie mit sich und seinem Schicksal zufrieden. Er war eine Zeitlang Professor der Medizin an der damaligen Universität in Mainz, ging dann als Leibarzt des Kurfürsten von Bayern nach München, und als er dort Differenzen hatte, nach Wien, verfeindete sich aber hier ebenfalls und ist schließlich in England gestorben. Auch Becher war noch ein Alchemist, ließ sich aber ebensowenig wie Kunckel auf direkte Betrügereien ein, und so erklärt es sich, daß er von einem Hof zum andern wandern mußte. Er hatte stets kühne technische Pläne. So machte er den Generalstaaten von Holland den Vorschlag, aus dem Sande des Meeres Gold zu gewinnen. Es wurde auch ein derartiger Versuch mit einem gewissen Erfolge unternommen, aber nicht weiter verfolgt.

Wichtiger als die technischen Versuche und Vorschläge Bechers waren seine theoretischen Ansichten, an die sein Schüler Stahl anknüpfte.

Paracelsus hatte angenommen, daß in allen Körpern sich Quecksilber, Salz und Schwefel als Bestandteile finden, und zwar nicht diese Stoffe als solche, sondern ihnen in ihren Eigenschaften entsprechende Substanzen. Nach Becher bestehen alle Körper aus drei Grunderden, aus der merkurialischen, der verglasbaren und der brennbaren. Diese drei Erden stellen nun, wie die drei Bestandteile des Paracelsus, die Prinzipien der Flüchtigkeit, der Schmelzbarkeit und der Brennbarkeit dar. Bei der Verbrennung von Stoffen, bzw. bei der Verkalkung (Oxydation der Metalle), entweicht nach Becher von den drei Erden die brennbare, und auf diesem Entweichen der brennbaren Erde beruht die Verbrennung. Hieraus entwickelte sich die Phlogistontheorie, die deshalb ein so besonderes Interesse verlangt, weil sie die erste, zahlreiche Erscheinungen umfassende Theorie ist, die in der chemischen Wissenschaft aufgestellt wurde. War sie auch irrig, so suchte sie doch zum ersten Male eine Reihe von Vorgängen im Zusammenhange zu deuten, insbesondere die Oxydation und die Reduktion, die ein so großes Gebiet in der Chemie ausmachen.

Stahl, der eigentliche Begründer der Phlogistontheorie, schrieb das Hauptverdienst um ihre Begründung seinem Lehrer Becher zu und pflegte zu sagen: »es sind nur Gedanken von Becher, die ich vorbringe«. Stahl war Professor der Medizin in Halle und blieb dort, bis er als königlicher Leibarzt nach Berlin ging. Er war gleichbedeutend als Chemiker und als Arzt. Aber nie hat er, wie die früheren Iatrochemiker, eine Verschmelzung dieser beiden Wissenschaften herbeiführen wollen. Denn er erkannte, daß doch noch ein Unterschied zwischen den Vorgängen im tierischen Organismus und den rein chemischen Prozessen bestände. Vor allem aber sah er ein, daß die bisherigen chemischen Kenntnisse noch weit davon entfernt seien, die so komplizierten Erscheinungen des Lebens zu erklären. Darum suchte er die Medizin wie die Chemie zunächst, unabhängig voneinander, jede für sich auszubilden, indem er als höchstes Ziel die Erkenntnis der Wahrheit hinstellte. In seiner Jugend glaubte Stahl noch an die Möglichkeit der Metallverwandlung. Später bekannte er öffentlich, er habe sich getäuscht; es sei unmöglich, durch eine winzige Menge des »Steins der Weisen« eine übergroße Menge unedlen Metalls in Gold zu verwandeln. Er warne jedermann, sein Leben und seine Zeit nicht mit unnützen Versuchen, den »Stein der Weisen« darzustellen, zu verbringen. Ja, er führte sich selbst als Beispiel dafür an, daß man nur, solange man geringe Kenntnisse habe, an die Alchemie glauben könne.

Wie Becher nahm Stahl an, daß alle brennbaren Körper einen gemeinsamen Bestandteil enthalten, der bei der Verbrennung entweicht, und diesen verbrennbaren gemeinsamen Bestandteil nennt Stahl »Phlogiston«. Ein Körper, der nicht verbrennlich ist, enthält nach dieser Lehre kein Phlogiston (Feuergeist). Je vollständiger ein Körper verbrennt, um so reicher ist er an Phlogiston. Die Verbrennung eines Stoffes oder die Oxydation eines Metalles geschieht unter Abscheidung von Phlogiston. Was dabei zurückbleibt, war in dem verbrannten Körper vorher mit Phlogiston verbunden. So ist nach Stahl z. B. Phosphor eine Verbindung von Phosphorsäure mit Phlogiston. Denn bei der Verbrennung von Phosphor entweicht Phlogiston und Phosphorsäure bleibt zurück. Ebenso wäre Eisen nichts anderes als eine Verbindung von Eisenoxyd mit Phlogiston. Kohle, die sich fast vollständig verbrennen läßt, ist nach Stahl sehr reich an Phlogiston, nahezu reines Phlogiston. Um daher Metalle aus ihren Erzen oder Kalken (Oxyden) zu gewinnen, erhitzt man sie mit Kohle, dem an Phlogiston sehr reichen Stoff; dann vereinigt sich das Phlogiston mit den Metalloxyden und die Metalle kommen zum Vorschein.

In unsere heutige Sprache übersetzt, ist die Entziehung oder Entweichung des Phlogistons das, was wir heute unter Oxydation verstehen, während die Zufuhr von Phlogiston der Reduktion entspricht. Beim Lesen der Schriften der Phlogistiker muß man überall da, wo von einer Aufnahme von Phlogiston die Rede ist, einen Verlust an Sauerstoff annehmen und umgekehrt, wo von einer Abscheidung von Phlogiston gesprochen wird, an den Zutritt von Sauerstoff denken.

6. Anhänger der Phlogistontheorie.

Der Wert der Phlogistontheorie ist nicht gering einzuschätzen. Obgleich diese Theorie falsch war, hat sie nämlich nicht nur eine Reihe wichtiger chemischer Vorgänge unter einen einheitlichen Gesichtspunkt gebracht; es sind auch an Hand dieser Theorie große Fortschritte und Entdeckungen gemacht worden.

Ein Zeitgenosse Stahls ist Hoffmann, der Erfinder der noch heute weitverbreiteten Hoffmanns-Tropfen, bekanntlich einer Mischung von Äther und Alkohol. Wie Stahl, so trat auch Hoffmann gegen die Iatrochemiker auf und dachte bezüglich der Verbrennungsvorgänge ähnlich wie Stahl. Er hat sich besonders mit den Mineralwässern beschäftigt, die er nach ihrem chemischen Gehalt in alkalische, eisenhaltige, Bitterwässer und Salzwässer einteilte. Hoffmann erkannte zuerst, daß die Alaunerde und die Bittererde verschieden von der Kalkerde seien, während man bisher diese drei Stoffe für dasselbe gehalten hatte.

Gleichzeitig mit Hoffmann und Stahl lebte in Holland ein Arzt, der sich auch um die Verbreitung der Chemie und um ihre Ausgestaltung zu einer wahren Wissenschaft große Verdienste erworben hat, nämlich Boerhave. Er trat vor allem dafür ein, daß die Chemie eine durchaus selbständige Wissenschaft sei, die nur das eine Ziel im Auge haben dürfe, die Natur zu erforschen. Andererseits suchte er die alchemistischen Angaben nachzuprüfen und stellte zu diesem Zwecke mit höchster Geduld langjährige Versuche an. So destillierte er Quecksilber 500 mal, ohne daß es sich hierbei verwandelte, wie es die Alchemisten behauptet hatten.

Solche Versuche, die heute bedeutungslos erscheinen, bildeten damals eine Sensation, da dadurch langgehegte Behauptungen, die von einem Alchemisten dem anderen überliefert und ohne weitere Prüfung geglaubt wurden, widerlegt waren. Erwähnung verdient auch Caspar Neumann, der namentlich auf analytischem Gebiete wichtigere Arbeiten veröffentlichte, und Pott. Dieser hat z. B. 30 000 einzelne Versuche angestellt, um ein Porzellan, ähnlich dem Meißner Porzellan, herzustellen, ohne allerdings sein Ziel zu erreichen. — Gleichzeitig mit Pott lebte in

Berlin der Chemiker Marggraf. Marggraf, 1709 in Berlin
geboren, hat das Mikroskop in die Chemie eingeführt und vor
allem den Zucker in der Runkelrübe entdeckt. Dadurch ist er
zusammen mit seinem Schüler Achard der Begründer der deutschen Rübenzuckerindustrie geworden, die heute die erste der
Welt ist. Marggraf war überhaupt ein scharfer Beobachter, dem
die Chemie die Entdeckung vieler Tatsachen verdankt, insbesondere die klare Unterscheidung zwischen verschiedenen Alkalien
und Erdalkalien. So wies er unter anderem nach, daß der Gips
schwefelsaurer Kalk ist. Er hat auch zum ersten Male die Phosphorsäure näher beschrieben. Allerdings faßte er die Phosphorsäure ganz im Sinne von Stahl auf und erklärte den Phosphor
für zusammengesetzt aus Phosphorsäure und Phlogiston. Dabei
beobachtete er selbst, daß der Phosphor bei seinem Übergang in
Phosphorsäure an Gewicht zunimmt. Trotzdem konnte er sich
von der Vorstellung nicht freimachen, daß bei diesem Verbren-
nungsvorgange Phlogiston entweicht. Von dieser irrigen Auffas-
sung ließ er sich auch nicht abbringen, als mehrere Jahre vor
seinem Tode die Phlogistontheorie widerlegt wurde.

Wie in Deutschland, so fand die phlogistische Lehre auch in
Frankreich große Verbreitung und Anerkennung. Von ihren
Anhängern sei hier Geoffroy genannt (um 1700). Er ist besonders durch seine Untersuchungen über die chemische Verwandtschaft bekannt geworden. Bis in das 18. Jahrhundert hinein galt
der Satz, daß solche Stoffe einander verwandt seien, die etwas
gemeinsames an sich haben. Schon Albertus Magnus hat
dafür das Wort Affinität eingeführt, wonach also auch bei den
chemisch aufeinander reagierenden Stoffen eine Ähnlichkeit vor-
herrschen müsse. Dagegen behauptete Boerhave, daß gerade
einander unähnliche Körper das größte Bestreben zeigen, sich
chemisch miteinander zu verbinden. Diese Fragen beschäftigten
nun seit einiger Zeit die Chemiker. Geoffroy stellte Verwandtschaftstafeln auf, die in den nächsten Jahrzehnten eine große
Rolle spielten. Viele Chemiker erblickten ihre Hauptarbeit darin,
diese Verwandtschaftstafeln zu verbessern und zu erweitern. Als
man aber später sah, daß durch die Wärme der Verlauf chemischer
Reaktionen ganz bedeutend beeinflußt, ja sogar manchmal umgekehrt wird, mußten neue Tabellen für die verschiedenen Wärme-
grade aufgestellt werden. Daher verloren solche Tafeln immer
mehr an Übersichtlichkeit und an Bedeutung. Immerhin ist der
Versuch von Geoffroy, der die Aufmerksamkeit der Chemiker

auf die Frage der Affinität hingelenkt hat, für die Weiterentwicklung der theoretischen Chemie von Bedeutung gewesen.

Als hervorragender englischer Forscher dieser Periode ist Black (gest. 1799) zu nennen. Auch er befaßte sich hauptsächlich mit medizinisch-chemischen Fragen. Black, der auch als der Entdecker der »latenten Wärme« sich einen Namen gemacht hat, beschäftigte sich viel mit der Kohlensäure und ihren Verbindungen und hat klassische Untersuchungen über die ätzenden Alkalien (Kali und Natron) und den Kalk veröffentlicht. Auch er war zunächst ein Anhänger der phlogistischen Theorie. Infolge seiner Erfahrungen auf dem Gebiete der Gase erkannte er jedoch bald die Richtigkeit der Anschauungen Lavoisiers. Sorgfältige Untersuchungen machte auf dem Gebiet der Gase auch der englische Chemiker Cavendish (geboren 1731). Am wichtigsten sind seine Untersuchungen über den Wasserstoff, den er als »zündbare Luft« bezeichnete. Er fand, daß Wasserstoff bedeutend leichter als die atmosphärische Luft ist, daß er die Verbrennung und das Atmen nicht unterhält, aber selbst brennt. Er beobachtete ferner, daß Wasserstoff, mit atmosphärischer Luft gemischt und angezündet, heftig explodiert.

Auch Cavendish war ein Anhänger der Phlogistontheorie. Er nahm an, daß der Wasserstoff das gesuchte Phlogiston sei. Cavendish wies ferner nach, daß das Wasser aus Wasserstoff und Sauerstoff besteht, und daß die atmosphärische Luft ein konstant zusammengesetztes Gemenge von zwei Gasen ist. Für die scharfe Beobachtungsgabe von Cavendish spricht auch, daß er beim Durchschlagen elektrischer Funken durch ein Gemenge von Luft mit überschüssigem Sauerstoff einen Rest nachwies, der von Kalilauge nicht absorbiert wird. Dieser Rest war nichts anderes als das Argon, das erst ein Jahrhundert später von Ramsay wieder aufgefunden wurde.

Auch der Engländer Priestley (geb. 1733) machte auf dem Gebiete der Gase viele neue Beobachtungen, die zum Sturze der Phlogistontheorie beitrugen. Trotzdem konnte er sich, wie Cavendish, von dieser Theorie nicht lossagen. Als Priestley mit Benjamin Franklin, dem Erfinder des Blitzableiters, bekannt geworden war, fing er an, sich für die Elektrizität zu interessieren. Priestley war ein äußerst vielseitiger und origineller Mensch, der eine ungewöhnliche Gabe zu experimentieren und zu beobachten besaß. Obwohl er eigentlichen chemischen Unterricht nie genossen hatte und auch über keine tieferen chemischen Kennt-

nisse verfügte, hat er doch auf dem Gebiete der Gaschemie Hervor-
ragendes geleistet. Seine wichtigste Entdeckung ist diejenige des
Sauerstoffs (1774). Neuerdings ist festgestellt worden, daß schon
vor Priestley der schwedische Chemiker Scheele den Sauerstoff dargestellt hat, ohne daß aber eine Veröffentlichung von ihm
darüber erschien (Abb. 3). Priestley hat außer dem Sauerstoff
das Kohlenoxyd, das Stickoxydul und andere Gase entdeckt. Dadurch, daß er Quecksilber zum Absperren von Gasen benutzte,
gelang es ihm, in Wasser lösliche
Gase aufzufangen, während man
bisher immer nur mit Wasser,
das die Gase absorbierte, gearbeitet hatte.

Abb. 3. Scheeles Darstellung des Sauerstoffs
durch Erhitzen von Braunstein mit Schwefelsäure.

Die Entdeckungen Priest-
leys und Scheeles erregten
großes Aufsehen und veran-
laßten eifrige Forschungen über
die Natur der Gase, über ihr
Verhalten gegen Wasser, ihr spezifisches Gewicht usw. Die Deutung all dieser Versuche wurde durch die phlogistische Theorie
erschwert, die den entdeckten Tatsachen nicht mehr genügte.
Doch blieb Priestley der Phlogistontheorie selbst dann noch
treu, als um 1800 die antiphlogistische Lehre schon überall
gesiegt hatte.

Ebenso treu blieben der Phlogistontheorie zwei bedeutende
schwedische Forscher, obwohl ihre Untersuchungen ebenfalls
zu dem Sturze dieser Theorie beigetragen hatten. Es waren
Bergman und der schon erwähnte Scheele. Das Hauptverdienst
Bergmans liegt auf dem Gebiete der Analyse, für die er einen
allgemein gültigen Gang aufstellte. Er ist für die Benutzung des
Lötrohrs zur Bestimmung von Mineralien eingetreten und hat
auch die verschiedenen Eisensorten genauer, immer an Hand
sorgfältiger Analysen, untersucht. In theoretischer Hinsicht hat
sich Bergman besonders eingehend mit dem Problem der Verwandtschaft beschäftigt. Er verstand unter Phlogiston, wie
manche seiner Vorgänger, den Wasserstoff. Bedeutender als er
war Scheele.

Scheele (1742 in dem damals schwedischen Stralsund ge-
boren) kam schon mit 14 Jahren zu einem Apotheker in die Lehre.
Dort begann er unermüdlich, mit den einfachsten Hilfsmitteln,
Versuche anzustellen. Später verwaltete er in einer kleinen

Stadt eine Apotheke. Hier lebte er ganz zurückgezogen, nur der Ausübung seines Geschäftes und der Forschung hingegeben, und starb bereits 1786. Trotz der dürftigen Lebensverhältnisse, in denen Scheele lebte, und trotz der kärglichen Mittel, mit denen er seine Versuche anstellte, hat Scheele mehr Entdeckungen gemacht, als je ein Chemiker vor oder nach ihm. Allein bei seiner Arbeit über den Braunstein, der vor ihm häufiger erfolglos untersucht worden war, hat Scheele vier neue Stoffe entdeckt, das Chlor, den Sauerstoff, das Mangan und die Baryterde. Man vergegenwärtige sich einmal die primitiven Hilfsmittel, über die Scheele in seiner kleinen Apotheke verfügte: ohne Gas, ohne Spiritus, nur mit Holzfeuerung versehen, zumeist mit tönernen Apparaten und ohne Hilfskräfte führte Scheele seine großartigen Arbeiten aus. Sauerstoff z. B. gewann er nach verschiedenen Methoden, so durch Erhitzen von Braunstein mit Schwefelsäure (Abb. 3), aus salpetersauren Salzen, aus Quecksilberoxyd und aus Silberoxyd. Weiter hat Scheele noch die Molybdänsäure und die Wolframsäure entdeckt, die Natur des Flußspats erkannt, die Bestandteile des Berliner Blaus isoliert und die Blausäure aufgefunden. Ferner hat er aus Pflanzensäften alle möglichen Bestandteile abgeschieden, unter anderem folgende organische Säuren: Apfelsäure, Zitronensäure, Weinsäure, Oxalsäure, Milchsäure, Harnsäure usw. Scheele ist auch der Entdecker des Glyzerins, das er Ölsüß nannte und aus Öl durch Zersetzung mit Bleiglätte gewann.

7. Das Zeitalter der quantitativen Untersuchungen.

Scheele wurde besonders durch seine große Beobachtungsgabe zu wertvollen Entdeckungen geführt. Dabei legte er niemals Wert darauf, daß diese Entdeckungen unter seinem Namen bekannt wurden. Um theoretische Fragen kümmerte er sich nicht viel, blieb aber, wie erwähnt, sein Leben lang der phlogistischen Lehre treu. Dies rührte daher, daß er sich bei seinen Versuchen um die Gewichtsverhältnisse zu wenig kümmerte. War doch auf die Beachtung dieser Verhältnisse der durch Lavoisier bewirkte Sturz der Phlogistontheorie zurückzuführen.

Lavoisier wurde 1743 in Paris als Sohn eines angesehenen Advokaten geboren, der sich für die Naturwissenschaften interessierte. Er genoß eine sorgfältige Erziehung und hatte bei den berühmtesten Gelehrten seiner Zeit, mit denen sein Vater zum Teil befreundet war, Unterricht. Mit 21 Jahren löste Lavoisier eine

von der französischen Regierung ausgesetzte Preisaufgabe, bei
der es sich darum handelte, wie die Straßenbeleuchtung einer
großen Stadt am besten und billigsten zu bewerkstelligen sei.
Er verzichtete auf den ihm zuerkannten Preis und ließ ihn unter
seine Mitbewerber verteilen, um ihnen die Kosten für ihre Versuche einigermaßen zu erstatten. Er wurde dafür in einer Sitzung
der Pariser Akademie der Wissenschaften durch eine goldene
Denkmünze ausgezeichnet, die ihm der König selbst überreichte.
Zwei Jahre darauf wurde Lavoisier — ein seltener Fall —
bereits mit 25 Jahren zum Mitglied der Akademie ernannt. Von
nun an begann er sich fast ausschließlich mit der Chemie zu be-
schäftigen. Um genügend Mittel für seine kostspieligen Versuche
zu haben, bewarb er sich um die einträgliche Stelle eines General-
pächters, die er auch erhielt. Später wurde er an die Spitze der
Salpeterverwaltung gestellt. In dieser Stellung hatte er auch die
Fabrikation von Pulver unter sich und erwarb sich große Verdienste um dessen Herstellung. In alle möglichen Kommissionen
wurde er entsandt, überall war er infolge seines Fleißes und seiner
Vielseitigkeit ein angesehenes Mitglied. Trotz all dieser Verdienste
wurde Lavoisier unter der Schreckensherrschaft auf Grund
nichtiger Beschuldigungen zum Tode verurteilt und zusammen
mit anderen Generalpächtern 1794 hingerichtet. Es wird vermutet, daß Marat ihn aus kleinlicher Rache denunziert habe,
weil Lavoisier eine von Marat herrührende Abhandlung über
das Feuer ungünstig beurteilt hatte. In dem Todesurteil heißt
es, Lavoisier sei überführt, Mitschuldiger eines gegen das französische Volk gerichteten Komplotts zu sein, das die Feinde
Frankreichs begünstigen sollte. Namentlich habe er Erpressungen
an dem französischen Volke verübt und dem Tabak Wasser und
für die Gesundheit der Bürger schädliche Stoffe beigemengt.
Ein Chemiker soll vor dem Schreckenstribunal die wissenschaftlichen Verdienste Lavoisiers aufgezählt haben, um ihn zu retten;
der Gerichtspräsident gab daraufhin die berühmt gewordene
Antwort: »Wir haben keine Gelehrten mehr nötig«.

Lavoisiers chemische Arbeiten zeichnen sich durch genaue
Beobachtung, meisterhafte Beschreibung und die Richtigkeit der
aus ihnen gezogenen Folgerungen aus. Eigentliche Entdeckungen
hat Lavoisier nicht gemacht. Sein Verdienst ist es, die Beobachtungen anderer zusammengefaßt und richtig gedeutet zu haben.
Ein großes Tatsachenmaterial wurde ihm von den Phlogistikern
überliefert. Lavoisier betrachtete dieses Material mehr von der

mathematischen und der physikalischen als von der rein chemischen Seite aus.

Zuerst beschäftigte er sich mit der alten Frage, ob sich Wasser in Erde verwandeln könne. Er wies nach, daß die Erde, die sich beim Erhitzen von Wasser in Glasgefäßen absetzt, nicht umgewandeltes Wasser ist, sondern daß sie dem Glase entstammt. Er zeigte, daß bei längerem Kochen das Wasser dem Glase gewisse Bestandteile entzieht und daß, wie er mit der Wage nachweisen konnte, genau so viel Erde entstand, als das Glasgefäß an Gewicht abgenommen hatte. Bei diesen Versuchen hatte Lavoisier zum ersten Male den Nutzen der Wage auch für chemische Versuche erkannt, und von jetzt ab wandte er sie bei allen weiteren Experimenten mit immer größerer Sorgfalt an.

Im Jahre 1772 überreichte Lavoisier der Pariser Akademie der Wissenschaften einen Bericht, in dem er klar und deutlich auseinandersetzte, daß bei der Verbrennung von Schwefel und Phosphor, sowie bei der Verkalkung von Metallen das Gewicht dieser Stoffe zunimmt, und daß diese Gewichtszunahme von der Absorption von Luft herrührt. Umgekehrt entwickele sich bei der Reduktion von Metallkalken eine beträchtliche Menge Luft, welche vorher die Gewichtsvermehrung bewirkt habe. Daß die Luft ein Gemenge von Gasen sei, wußte Lavoisier damals noch nicht. Erst als ihm zwei Jahre später der Sauerstoff mit seinen Eigenschaften durch Priestley bekannt wurde, zog Lavoisier die wichtigsten Folgerungen. Im Gegensatz zu Priestley und Scheele deutete er den Sauerstoff als dasjenige, was sich bei der Verbrennung mit den Metallen, mit dem Schwefel, dem Phosphor usw. verbindet, und begründete damit die Anschauungen, die noch heute gelten.

In seinen Schriften versuchte Lavoisier mitunter die Entdeckung des Sauerstoffs sich selbst zuzuschreiben. Lavoisier wollte es nie wahr haben, daß Priestley vor ihm den Sauerstoff entdeckte und gestand dem englischen Chemiker höchstens die Gleichzeitigkeit der Entdeckung zu. 1776 verbrannte Lavoisier in großen Glasgefäßen, die mit atmosphärischer Luft, bzw. mit Sauerstoff gefüllt waren, mittels eines großen Brennglases einen Diamanten und wies nach, daß dabei als Verbrennungsprodukt lediglich Kohlendioxyd entsteht. Ähnliche Versuche stellte er dann mit Holzkohle und mit Phosphor an und zeigte, daß, wenn eine Verbrennung in einer abgeschlossenen Menge atmosphärischer Luft vorgenommen wird, nur $1/5$ dieser Luft (Sauerstoff) verschwindet, während $^4/_5$ eines besonderen Gases (Stickstoff) zurückbleiben, das weder das Verbrennen noch die Atmung unterhält. (Abb. 4).

Nach weiteren Versuchen stellte Lavoisier eine vollständige Verbrennungstheorie auf. Sie beruht auf folgenden Sätzen: 1. Bei jeder Verbrennung entwickeln sich Wärme und Licht. 2. Die Körper brennen nur in der Luft. 3. Diese wird bei der Verbrennung verbraucht, und die Gewichtszunahme des verbrannten Körpers ist gleich der Gewichtsabnahme der Luft. 4. Der brennbare Körper wird gewöhnlich durch seine Verbindung mit der Luft in eine Säure verwandelt, die Metalle dagegen in Metallkalke. Letzteren Satz entwickelte Lavoisier zu einer Theorie von der Zusammensetzung der Säuren, die allerdings durch spätere Forschungen Einschränkungen erfuhr. So enthalten nach Lavoisier alle Säuren als säurebildendes Prinzip Sauerstoff. Diesen nahm er auch in der Salzsäure an und sogar in dem Chlor, das damals allgemein noch als ein Oxydationsprodukt der Salzsäure aufgefaßt wurde. Auch bei der Verbrennung des Wasserstoffs erwartete Lavoisier eine Säure. Als Cavendish aber nachgewiesen hatte, daß durch die Verbrennung von Wasserstoff ausschließlich Wasser entsteht, nahm Lavoisier auch diesen Versuch gleich wieder auf, und zwar in seiner gewohnten Weise mit der Wage in der Hand.

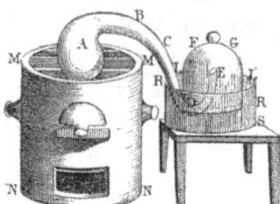

Abb. 4. Lavoisier analysiert die atmosphärische Luft durch Erhitzen von Quecksilber in einer in der Retorte (A) und unter der Glocke (FG) befindlichen, durch Quecksilber abgesperrten Luftmenge.

Mit diesen Untersuchungen, die in das Jahr 1783 fielen, waren die letzten Schwierigkeiten beseitigt, die das antiphlogistische System zu überwinden hatte. Bis dahin stand Lavoisier in dem Kampfe gegen die Phlogistiker ziemlich allein; nur bei den Untersuchungen über das Wasser unterstützte ihn der berühmte Physiker Laplace, mit dem er auch wichtige Arbeiten auf dem Gebiete der Physik vornahm[1]). Nach und nach fand Lavoisier auch Anhänger unter den bedeutenderen französischen Chemikern, so an Berthollet, Fourcroy und de Morveau. Mit diesen gab eı 1787 ein Werk über die chemische Nomenklatur heraus, und dieses Werk ist das grundlegende klassische Buch der modernen Chemie.

---

[1]) Sie erfanden das Eiskalorimeter, einen Apparat zum Bestimmen der Verbrennungswärme.

Lavoisier hat auch bereits Versuche gemacht, organische Körper zu analysieren, z. B. den Alkohol. Ferner hat er ein klares Bild von den Vorgängen bei der Atmung entworfen, wenn auch der Zusammenhang zwischen der Verbrennung und der Atmung bereits von früheren Forschern vermutet wurde. Bei all seinen Arbeiten durchdrang Lavoisier der ebenfalls schon vielfach geahnte Grundsatz von der Erhaltung des Stoffes, daß »nichts in der Welt entsteht und nichts vergeht«. Demnach nahm Lavoisier auch an, daß bei chemischen Reaktionen keine Materie verlorengeht, und fing an, chemische Prozesse in mathematischer Weise durch Gleichungen darzustellen. Wie schon Boyle, bezeichnete Lavoisier als Elemente diejenigen Stoffe, die nicht in einfachere zerlegt werden können. Er fügte aber hinzu, daß wir Stoffe so lange als Elemente zu betrachten haben, als wir kein Mittel besitzen, sie zu zerlegen.

So wurde Lavoisier zum Reformator der Chemie. Es muß aber immer wieder betont werden: auch vor ihm ist die Chemie bereits in wissenschaftlichem Geiste betrieben worden. Nur dadurch, daß Männer wie Boyle, Marggraf, Black, Cavendish, Priestley und Scheele ein so großes Tatsachenmaterial herbeigeschafft hatten, war es Lavoisier möglich, nicht nur die phlogistische Lehre zu stürzen, sondern auch ein neues System an ihre Stelle zu setzen.

8. Die Verbreitung des antiphlogistischen Systems.

In Deutschland verhielt man sich gegen die neue Lehre zunächst ablehnend. Von deutschen Chemikern am Ende des 18. Jahrhunderts sind hauptsächlich Richter und Wenzel zu nennen, die wie Priestley und Scheele dem phlogistischen System treu blieben. Andere deutsche Chemiker, wie Hermbstädt und Klaproth, schlossen sich dagegen der Lehre Lavoisiers an.

Klaproth (1743 geboren) wandte sich dem Apothekerberuf zu und wurde 1809, als die Berliner Universität errichtet wurde, an dieser, schon 67 Jahre alt, zum ersten Professor der Chemie ernannt. Er war eine edle, vornehme Persönlichkeit. Vorurteilslos ging er an die Prüfung der Lehre Lavoisiers heran, wiederholte seine Versuche über die Verbrennung und die Verkalkung, und als er ihre Richtigkeit erkannt hatte, trat er auch mit Eifer für Lavoisier ein. Das Hauptverdienst Klaproths liegt auf dem Gebiete der analytischen Chemie, in die er das Prinzip der wissenschaftlichen Ehrlichkeit einführte. Es scheint uns heute ganz unverständlich, daß vor Klaproth meist nicht die gefundenen Werte, sondern korrigierte Zahlen oder überhaupt keine Analysen, sondern nur die daraus gezogenen Folgerungen mitgeteilt wurden. Klaproth drang darauf, die gefundenen Zahlen unvoreingenommen zu veröffentlichen, um dadurch den Zeitgenossen und auch der Nachwelt zu ermöglichen, die Versuche nachzuprüfen.

9. Die Atomtheorie und das Gesetz von den multiplen Proportionen.

Mit dem Beginn des 19. Jahrhunderts war das antiphlogistische System auf der ganzen Linie siegreich. Damals wurde auch die Frage geklärt, ob sich die Körper in bestimmten oder in schwankenden Verhältnissen chemisch miteinander verbinden. Dies geschah durch den berühmt gewordenen Streit zweier französischen Chemiker, des bereits genannten Berthollet und Proust. Die Ansicht des letzteren, daß sich nämlich die Stoffe miteinander nur nach wenigen konstanten Verhältnissen zu chemischen Verbindungen vereinigen, trug den Sieg davon. In dieser Zeit wurde auch die schon im Altertum aufgestellte Atomtheorie durch den Engländer Dalton in die Chemie eingeführt.

Dalton wurde 1766 als Sohn eines armen englischen Webers geboren. Er mußte sich frühzeitig sein Brot verdienen. Schon mit 13 Jahren beschäftigte er sich eingehend mit Mathematik und Physik. Später wirkte er als Lehrer für Mathematik und Naturwissenschaften in Manchester. Hier machte er die Entdeckung der Farbenblindheit, die er zuerst an sich selbst beobachtete (Daltonismus). Als die Lehranstalt von Manchester verlegt wurde, blieb Dalton als Privatlehrer dort. Unterdessen hatte er sich auch mit Chemie beschäftigt und hielt auch vielfach Vorlesungen über Chemie in den verschiedensten Städten Englands. Schließlich wurde ihm vom Staate eine kleine Pension ausgesetzt.

Dalton stellte die Grundsätze auf, daß jedes Element aus gleichartigen Atomen von unveränderlichem Gewicht besteht, und daß sich die chemischen Verbindungen durch Vereinigung der Atome verschiedener Elemente nach einfachen Zahlenverhältnissen bilden. Ferner entdeckte er das »Gesetz der multiplen Proportionen«. Es drückt folgendes aus: Wenn verschiedene Mengen eines Elementes sich mit ein- und derselben Quantität eines anderen chemisch verbinden, so stehen jene Mengen zueinander in einfachen, durch ganze Zahlen ausdrückbaren Verhältnissen. So stehen z. B. die Sauerstoffmengen, die sich im Kohlenoxydgas und in dem Kohlendioxyd mit einer bestimmten Menge Kohlenstoff verbinden, im Verhältnis 1:2. Man nahm daher an, daß in jedem Teilchen Kohlenoxyd ein Atom Kohlenstoff mit einem Atom Sauerstoff verbunden ist, im Kohlendioxyd dagegen sollte jedes Kohlenstoffatom mit 2 Atomen Sauerstoff verbunden sein.

Dalton machte sich auch Vorstellungen über die Gestalt der Atome, jener kleinsten, nicht mehr teilbaren Teilchen, und nahm an, sie seien kugelförmig und berührten sich nicht direkt, sondern seien durch eine Wärmesphäre voneinander getrennt. So kam er auch zu einer Bezeichnung dieser Atome, indem sie durch Kreise gekennzeichnet wurden. In der Daltonschen Zeichensprache bedeutete ein leerer Kreis ◯ Sauerstoff, ein Kreis mit einem Punkt in der Mitte ⊙ Wasserstoff, ein Kreis mit einem senkrechten Strich ⦶ Stickstoff, ein Kreis mit einem Kreuz ⊕ Schwefel usw. Zur Bezeichnung chemischer Verbindungen wurden diese Symbole nebeneinander gestellt. So z. B. war das Symbol für Wasser ⊙◯; für Ammoniak ⦶ ⊙. Diese Sprache blieb nicht lange in Geltung. Es war Berzelius, der unsere heutige chemische Bezeichnungsweise einführte, die bekanntlich die Anfangsbuchstaben der lateinischen Namen der Elemente benutzt, z. B. H = Hydrogenium (Wasserstoff), O = Oxygenium (Sauerstoff), S = Sulfur (Schwefel), Ag = Argentum (Silber) usw.

Schon Dalton versuchte, aus den Gewichtsverhältnissen, in denen die Elemente miteinander zu Verbindungen zusammentreten, die relativen Atomgewichte abzuleiten. Er ermittelte z. B. das Verhältnis der Mengen von Wasserstoff und Sauerstoff im Wasser, setzte das Gewicht des Wasserstoffs als Einheit fest und bezog darauf das Gewicht des Sauerstoffs und anderer Elemente. Die so erhaltenen Zahlen betrachtete er als die Atomgewichte, d. h. als die relativen Gewichte der kleinsten Teilchen. So besteht Wasser nach Dalton aus einem Atom Wasserstoff und einem Atom Sauerstoff (HO), Ammoniak aus einem Atom Wasserstoff und einem Atom Stickstoff (NH), während die heutigen Formeln H_2O bzw. NH_3 lauten.

Die Theorie von Dalton fand allgemeine Anerkennung. Man staunte über die Einfachheit, mit der sie das Gesetz von der Konstanz der Gewichtsverhältnisse und dasjenige von den multiplen Proportionen erklärte.

10. Die Anfänge der Elektrochemie.

Die ersten zusammenhängenden elektrochemischen Untersuchungen stellte der englische Chemiker Davy an. Er bekleidete
zunächst die Stellung eines Chemikers an einer Anstalt, in der man
neu entdeckte Gase chemisch und physiologisch näher untersuchen wollte. Davy beobachtete dort die berauschende Wirkung
des Stickoxyduls, des sog. »Lachgases«, und erregte dadurch
großes Aufsehen. Um 1800 wurde Davy als Professor der Chemie
nach London berufen.

Die Hauptentdeckung Davys ist diejenige der Alkalimetalle
und der in den »Erden« enthaltenen Elemente. Bekanntlich hatte
noch Lavoisier die Alkalien, Ätzkali (KOH) und Ätznatron
(NaOH), für Elemente gehalten. Davy gewann nun mittels
des galvanischen Stromes das Kalium und das Natrium und bald
darauf die Metalle der wichtigsten Erden (Barium, Strontium,
Kalzium und Magnesium). Er wies ferner nach, daß das Chlor
ein Element sei, das mit Wasserstoff Salzsäure und mit den Metallen salzartige Verbindungen liefere. Damit fiel der von Lavoisier aufgestellte Satz, daß jede Säure Sauerstoff enthalten müsse.
Vielmehr mußte man den Wasserstoff als Ursache des Säure-
zustandes annehmen und alle Säuren als Wasserstoffverbindungen
betrachten, in denen neben dem Wasserstoff bald ein Element,
wie z. B. bei Salzsäure das Chlor, oder aber eine Zusammensetzung,
wie bei Schwefelsäure (SO_4), auftritt. Davy suchte auch den
Zusammenhang zwischen chemischer Verwandtschaft und Elektrizität aufzuklären. Gegenüber den Schlußfolgerungen Daltons
verhielt er sich ziemlich zurückhaltend; namentlich war er der
Meinung, daß zur Bestimmung der wahren Atomgewichte noch
jeder sichere Anhalt fehle. Merkwürdigerweise verwarf auch der
berühmte französische Chemiker Gay-Lussac die Annahme der
Atomgewichte Daltons, trotzdem gerade er durch seine Versuche
zur Stütze der Daltonschen Theorien wesentlich beigetragen hatte.

Gay-Lussac wirkte während fast der ganzen ersten Hälfte
des 19. Jahrhunderts als Professor der Chemie in Paris. Er beschäftigte sich vor allem mit den Gasen und erlangte zuerst eine
gewisse Berühmtheit durch seine kühnen Luftfahrten, wobei er
auch wichtige physikalische Beobachtungen machte. Bei seinen
Studien über die Gase fand Gay-Lussac ein Gesetz, das dem der
multiplen Proportionen entsprach. Er formulierte es in folgender
Weise: Zwei Gase verbinden sich stets nach einfachen Volum-
verhältnissen. Das Volumen des entstehenden Produktes steht,

wenn es gasförmig ist, in einfachster Beziehung zu den Volumen der Bestandteile. So fand Gay-Lussac z. B., daß aus zwei Raumteilen Kohlenoxyd und einem Raumteil Sauerstoff zwei Raumteile Kohlendioxyd entstehen, und daß sich ein Volumen Stickstoff mit drei Volumen Wasserstoff zu zwei Raumteilen Ammoniakgas verdichten.

Diese Befunde Gay-Lussacs bestätigten eigentlich die Atomtheorie Daltons. Aber ersterer konnte sich von ihrer Richtigkeit nicht überzeugen, was auf die noch ungeklärten Anschauungen über die Begriffe Atom und Molekül zurückzuführen war. Eine wirkliche Klärung dieser Begriffe setzte sich erst um die fünfziger Jahre des vorigen Jahrhunderts durch.

Gay-Lussac war ein sehr geschickter Experimentator. Hervorgehoben seien seine Arbeiten über das Jod und über das Cyan (CN). In diesem letzteren erkannte er ein zusammengesetztes Radikal, das sich wie ein Element verhielt. Gay-Lussac ist ferner der Begründer der Titrimetrie oder der Maßanalyse, die sich besonders in technischen Betrieben eingebürgert hat, da das Arbeiten mit Meßgefäßen im allgemeinen schneller vor sich geht, als dasjenige nach gewichtsanalytischen Methoden.

Schüler und Mitarbeiter von Gay-Lussac waren bekannte Naturforscher. So hat Alexander von Humboldt bei ihm gearbeitet und auch Liebig war glücklich, als er in das Laboratorium von Gay-Lussac aufgenommen wurde.

Wichtige Grundlagen für das heutige Gebäude der Chemie hat auch der schwedische Forscher Berzelius errichtet. Er bestimmte fast sämtliche Atomgewichte der damals bekannten Elemente mit bewundernswerter Genauigkeit.

Berzelius studierte zuerst Medizin, beschäftigte sich aber mehr und mehr mit elektrischen Versuchen und kam dadurch auch mit der Chemie in Berührung, ohne aber darin von seinen Lehrern irgendwie gefördert zu werden. Eine Zeitlang arbeitete Berzelius in einer Apotheke, daneben betrieb er fortgesetzt Versuche über die Einwirkung des elektrischen Stromes auf die Salze. Schließlich wurde er zum Professor der Medizin und Pharmazie in Stockholm ernannt. Dort hat er in einem kleinen Laboratorium, das neben seinem Wohnzimmer gelegen war, die bedeutendsten Forschungen angestellt. Bei seinen Hantierungen unterstützte ihn nur eine alte Köchin.

Berzelius hat sich vor allem große Verdienste um die Weiterentwicklung der analytischen Chemie erworben. Als Lebensaufgabe stellte er sich aber die Erforschung der chemischen Proportionen und der Gesetze, welche diese regeln. Um 1815 untersuchte er mehrere Jahre die Sauerstoffverbindungen fast aller bekannten Metalle und Metalloide und bestätigte durch diese Untersuchungen das Gesetz von den multiplen Proportionen (s. S. 22). In unermüdlicher Arbeit stellte er dann die relativen Atomgewichte fast aller Elemente fest, nachdem er etwa 2000 Verbindungen untersucht hatte. Berzelius bezog die von ihm gefundenen Atomgewichte nicht auf den Wasserstoff, wie es Dalton getan, sondern auf den Sauerstoff, den er den Angelpunkt der Chemie nannte. Und auch in der neuesten Zeit bezieht man in den Atomgewichtstabellen die Atomgewichte auf Sauerstoff als Einheit.

Die Atomgewichtsbestimmungen von Berzelius, die alle früheren an Genauigkeit weit übertrafen, gewannen noch besonders dadurch an Bedeutung, daß ein gewisser Prout, ein Arzt von Beruf, zunächst in einer anonym erschienenen Schrift, behauptete, daß alle Atomgewichte der Elemente, wenn sie auf Wasserstoff $= 1$ bezogen würden, ganze Zahlen darstellen, also Vielfache des Elements mit dem geringsten Atomgewicht wären. In späteren Abhandlungen ging Prout noch weiter und meinte, daß der Wasserstoff gewissermaßen die Urmaterie sei, aus der die anderen Elemente, die ein Vielfaches seines Atomgewichtes darstellen, entstanden seien. Diese Hypothese, daß sich durch die Kondensation von Wasserstoff alle übrigen Grundstoffe gebildet hätten, erregte großes Aufsehen und hatte etwas Bestechendes für sich. Da war es Berzelius, der durch seine genauen Untersuchungen, die jeder Kontrolle standhielten, nachwies, daß es sich bei den Atomgewichten nicht um ganze Zahlen, sondern vielfach um Zahlen mit Dezimalstellen handle. Ob die Hypothese von Prout in einer veränderten Form noch einmal Geltung erlangen wird, läßt sich heute nur vermuten. Die neuesten Forschungen haben nämlich manche Anzeichen dafür ergeben, daß die Atome aus Gemischen bestehen. Auch durch sonstige Untersuchungen hat Berzelius die Zusammensetzung der chemischen Verbindungen aufgeklärt und namentlich die Oxyde von den Oxydulen und Superoxyden, die Chloride von den Chlorüren und von den Superchloriden unterscheiden gelehrt. Er hat ferner, wie schon erwähnt, die noch heute gültige Nomenklatur der Chemie und ihre Zeichensprache, die eine internationale geworden ist, begründet. Den Hauptwert legte Berzelius stets auf die Erfahrung und den Versuch. An den einmal für richtig erkannten

Schlüssen hielt er zähe fest; Neuerungen war er wenig zugänglich. Gerade durch diese Eigenschaften wirkte er aber in nutzbringender Weise, da damals in der Chemie die Theorien sich überstürzten, und oft aus ungenügendem Tatsachenmaterial zu weit gehende Schlüsse gezogen wurden. In seiner Kritik wurde Berzelius oft heftig und ungerecht, und je älter er wurde, um so mehr verfeindete er sich mit den meisten bedeutenderen Chemikern seiner Zeit. Der einzige, der immer treu zu ihm hielt, war sein Schüler Wöhler.

11. Die Anfänge der organischen Chemie.

Friedrich Wöhler (1800 in einem Dorfe bei Frankfurt a. M. geboren) wuchs, im Gegensatz zu Berzelius, unter den denkbar glücklichsten Verhältnissen auf. Er zeigte schon frühzeitig Lust zum Experimentieren und richtete sich ein eigenes kleines Laboratorium ein. Auf Wunsch seiner Eltern studierte er zunächst Medizin, widmete sich aber gleichzeitig der Chemie. Die Resultate seiner ersten, die Cyansäure betreffenden Untersuchung wurden von Liebig angegriffen, der bei der Analyse der Knallsäure dieselben Zahlen wie Wöhler bei der Cyansäure erhalten hatte. Es entspann sich daraus ein Streit, aus dem aber ein Freundschaftsbund zwischen Wöhler und Liebig hervorging. Nach Beendigung seiner medizinischen Studien wandte sich Wöhler ganz der Chemie zu und ging zu Berzelius, bei dem er fast ein Jahr blieb. Dann erhielt Wöhler an der Gewerbeschule in Berlin die Stelle eines Lehrers der Chemie. Dort entdeckte er das Aluminium und die dem Aluminium ähnlichen Elemente Beryllium und Yttrium. Aber alle übrigen Entdeckungen Wöhlers wurden in den Schatten gestellt durch die von ihm 1828 durchgeführte künstliche Darstellung von Harnstoff mittels der Einwirkung von Cyansäure auf Ammoniak.

Diese Synthese erregte ungeheures Aufsehen, denn es war bisher noch nicht gelungen, ein Produkt des tierischen Organismus außerhalb desselben aus unorganischen Bestandteilen künstlich darzustellen. Man nahm vielmehr an, daß dazu eine gewisse Lebenskraft nötig sei. Durch Wöhlers Entdeckung fielen also die Schranken, die bisher die anorganische Chemie von der organischen getrennt hatten. Und ein neues, frisches Leben entwickelte sich auf dem Gebiete der organischen Chemie, auf dem besonders Liebig große Lorbeeren ernten sollte.

Wöhler und Liebig waren zwei ganz entgegengesetzte Naturen: Liebig feurig und ungestüm, phantasievoll, leicht erregt, aber auch leicht nachgebend; Wöhler dagegen kühl, bedachtsam, feind jedem Zank und Hader. Beseelt von Forschungsdrang und Wahrheitsliebe arbeiteten Wöhler und Liebig viel gemeinsam, aber es kam auch vor, daß der eine, um den andern zu überraschen, eine Abhandlung veröffentlichte, ohne daß der andere eine Ahnung davon hatte. Während Liebig häufig in Konflikte geriet, suchte Wöhler ihn immer wieder von Fehdeschriften abzuhalten. So schreibt er einmal an Liebig: »Mit M. oder sonst jemand Krieg führen, bringt der Wissenschaft keinen Nutzen. Du ruinierst dadurch nur Deine Leber und Deine Nerven. Versetze Dich einmal in das Jahr 1900, wo wir wieder zu Kohlensäure, Ammoniak und Wasser aufgelöst sind. Wen kümmert es dann, ob wir in Frieden oder in Ärger gelebt haben? Wer weiß dann von Deinen wissenschaftlichen Streitigkeiten, von der Aufopferung Deiner Gesundheit für die Wissenschaft? Niemand! Aber Deine guten Ideen, die neuen Tatsachen, die Du entdeckt hast, sie werden, gesäubert von all dem, was nicht zur Sache gehört, noch in den spätesten Zeiten gekannt und anerkannt sein. Doch wie komme ich dazu, dem Löwen zu raten, Zucker zu fressen?«

Wöhler hatte unterdessen die Berliner Stellung aufgegeben und ging nach kürzerer Unterbrechung seiner Lehrtätigkeit als Professor der Chemie nach Göttingen, wo er 1882 starb.

Justus von Liebig, der größte deutsche Chemiker der neueren Zeit, hat das erste öffentliche Laboratorium in Gießen gegründet, die experimentelle Lehrmethode in den chemischen Unterricht eingeführt und damit den Grund zu der heutigen modernen Ausbildung der Chemiker gelegt. Im Jahre 1803 in Darmstadt als Sohn unbemittelter Eltern geboren, war Liebig durchaus nicht für den Gelehrtenberuf bestimmt. Sein Vater besaß eine kleine Material- und Farbwarenhandlung, die schon früh das Interesse des Sohnes erweckte. Stundenlang konnte er den sog. Chemikern zusehen, wenn sie auf den Messen und Jahrmärkten ihre Künste zeigten und allerlei seltsame Pulver und Medikamente feilboten. Mit besonderer Aufmerksamkeit hielt sich Liebig bei der Bude eines dieser Künstler auf, dessen Spezialität Knallerbsen waren. Schließlich hatte er ihm das Geheimnis so abgeguckt, daß er das Knallpräparat für das väterliche Geschäft fortan selbst darstellen konnte. Zuerst kam Liebig zu einem Apotheker in die Lehre. Als aber einer seiner Versuche zur Darstellung von Knallsilber mit einer heftigen Explosion endigte, schickte ihn sein Prinzipal nach Hause zurück. Schließlich konnte es Liebig durchsetzen, daß er die Universitäten Bonn und Erlangen besuchen durfte. Liebig ging dann nach Paris, wo damals die hervorragendsten Chemiker lebten, aber es gelang ihm nicht, in nähere persönliche Beziehungen zu diesen zu treten.

Abb. 5. Justus von Liebig. 1803—1873.

Da war es Alexander von Humboldt, der in Paris einen Vortrag Liebigs hörte, seine Bedeutung sogleich erkannte und sich für ihn bei Gay-Lussac einsetzte. Jetzt konnte Liebig bei diesem arbeiten und sich binnen kurzem durch die Belehrung und durch das Beispiel dieses hervorragenden Chemikers zum Forscher ausbilden. Dort kam Liebig auch der Gedanke, daß, wenn alle, die sich der Chemie widmen wollten, die gleiche Gelegenheit zum Arbeiten in einem Laboratorium hätten wie er, sich weit mehr

tüchtige Forscher heranbilden würden. Diesen Gedanken setzte
Liebig in die Tat um, indem er in Gießen ein chemisches Labora-
torium gründete. Nach Gießen war Liebig, ebenfalls auf Emp-
fehlung von Humboldt, erst 21 Jahre alt, als außerordentlicher
Professor gekommen und wurde schon 1½ Jahre später daselbst
zum Ordinarius für Chemie ernannt. Das von ihm gegründete
Laboratorium war bald von Schülern besetzt. Auch aus dem
Auslande kamen sie in Scharen. Die in Gießen studierenden
Chemiker bildeten eine Gruppe akademischer Bürger für sich.
Sie waren meist älter, ernster dem Studium ergeben und be-
teiligten sich an dem eigentlichen studentischen Leben fast gar
nicht. Zahlreiche hervorragende Chemiker der Neuzeit rechneten
sich mit Stolz zu Schülern Liebigs.

Durch Lavoisier und Dalton waren die theoretischen
Grundlagen der Chemie festgelegt. Durch die Arbeiten von
Berzelius, Gay-Lussac, Klaproth, Davy war die anorganische Chemie zu einer hohen Stufe gelangt. Mit dem genialen
Blick des Entdeckers erkannte nun Liebig als die nächstliegende
Aufgabe den Ausbau der organischen Chemie, d. h. die syste-
matische Untersuchung der Tier- und Pflanzenstoffe, die bis dahin
nur wenig erforscht waren. Vor allem galt es für das zu errichtende
Gebäude der organischen Chemie einen festen und sicheren Grund
zu schaffen. Dies geschah, indem Liebig die organische Analyse
so einfach und bequem gestaltete, daß sie unter Anwendung des von
Liebig erfundenen Kaliapparates[1]) eine der genauesten und dabei
leichten Operationen der Experimentalchemie geworden ist (Abb. 6).
Liebig erkannte ferner, daß neben der Analyse auch der Auf-
bau der organischen Verbindungen, d. h. die Art, wie sich ihre
Bestandteile miteinander verbinden, zu erforschen sei. In jahre-
langen Untersuchungen hat Liebig dann, im Verein mit zahl-
reichen Schülern, die Natur der wichtigsten organischen Körper
aufgeklärt und dabei unter anderem das Chloroform entdeckt,
dessen physiologische Wirkung allerdings erst später von einem
Arzte beobachtet wurde. Durch weitere Untersuchungen klärte
Liebig die Natur der Säuren auf, die nach ihm Wasserstoffverbindungen sind, in denen der Wasserstoff durch Metalle vertreten
werden kann. Auf die weiteren umfangreichen Abhandlungen
von Liebig kann hier nicht eingegangen werden.

---

[1]) Der Apparat befindet sich nebst vielen anderen an Liebigs und
an Wöhlers Arbeiten erinnernden Gegenständen im Deutschen Museum
zu München.

In späteren Jahren widmete sich Liebig, namentlich nachdem er einen Ruf nach München angenommen hatte, mehr
pflanzenphysiologischen und agrikulturchemischen Arbeiten. In
naturgemäßer Entwicklung ging er von der Untersuchung der
Tier- und Pflanzenstoffe zu dem Studium der Organismen selbst
über. 1840 erschien sein aufsehenerregendes Werk: »Die Chemie
in ihrer Anwendung auf Agrikultur und Physiologie« und zwei
Jahre darauf »Die organische Chemie in ihrer Anwendung auf

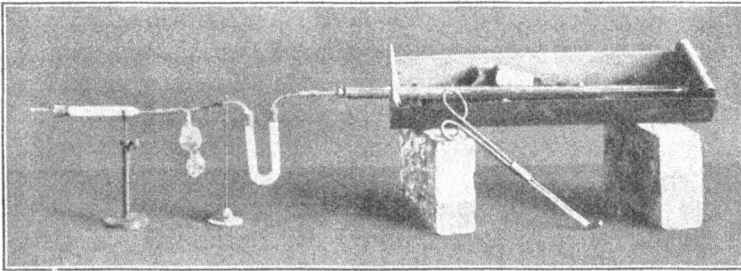

Abb. 6. Liebigs Verbrennungsapparat zur Ausführung der organischen Analyse. In dem Rohre
(rechts) wird die Substanz mit oxydierende Mitteln erhitzt. Das entweichende Wasser wird in
dem U-Rohr aufgefangen, das entstandene Kohlendioxyd in dem aus drei Glaskugeln bestehenden
Kaliapparate.

Physiologie und Pathologie«. Mit diesen Büchern zeigte Liebig,
daß ohne Chemie weder die Physiologie noch die Landwirtschaft
gefördert werden könne. Besonders klar erwies Liebig die Abhängigkeit der Tiere von den Pflanzen. Aus den einfachen Stoffen,
wie sie als Kohlensäure, Wasser, Ammoniak und in Form bestimmter Salze in der Luft und in der Erde enthalten sind, baut nach
Liebig die Pflanze unter dem Einfluß der Sonne die komplizierten organischen Verbindungen auf, die das Tier zu seinem
Unterhalt verlangt. Letzteres verwandelt dann vermittelst des
Sauerstoffs der Luft die organischen Bestandteile seiner Nahrung
in die einfachen unorganischen Stoffe zurück.

Von dem Gedanken aus, daß die Materie sich in einem ewigen
Kreislauf befinde, hatte Liebig sich den Fragen der Landwirtschaft zugewandt. Durch andauernde Bepflanzung und Ernte
wird der Boden immer ärmer an den Bestandteilen, die zum
Leben der Pflanze nötig sind; der gewöhnliche Dünger gibt dem
Boden die ihm entzogenen Stoffe nur unvollkommen wieder.
So kam Liebig dazu, einen Kunstdünger zu schaffen, der alle
erforderlichen Nährstoffe dem Boden zuführen sollte.

Der Name Liebigs ist weiteren Kreisen vor allem durch den Liebigschen Fleischextrakt bekannt. Auch zu diesem gelangte Liebig auf Grund seiner physiologischen Untersuchungen. Der Fleischextrakt ist durchaus kein Ersatz für Fleisch, kein Nahrungsmittel, sondern mehr ein Genußmittel wie Tee und Kaffee und hat sich besonders in Krankheitsfällen bewährt.

Liebig war überhaupt bei all seinem Denken und Forschen eine praktische Natur und immer darauf bedacht, die Ergebnisse seiner wissenschaftlichen Arbeiten auch für die Technik und die Industrie nutzbar zu machen. Er vertrat aber durchaus den Standpunkt, daß jeder, der sich der chemischen Technik widmen wolle, eine gründliche Ausbildung in der reinen Wissenschaft erhalten müsse. Und gerade das hat die deutsche Industrie so hoch gebracht, daß sich Wissenschaft und Technik miteinander verbanden, daß die Chemiker, die die deutsche chemische Industrie begründeten, aus der Liebigschen Schule hervorgegangen waren und in ihrem späteren Wirken, von wissenschaftlichem Geiste erfüllt, nicht nach ererbten Rezepten, sondern nach wohlüberlegten Methoden die Industrie betrieben. So konnten besonders auf deutschem Boden die chemischen Großbetriebe, wie die Industrie der künstlichen Farbstoffe, der künstlichen Heilmittel, der modernen Sprengstoffe, des Luftstickstoffs usw. entstehen, wie es in einem anderen Hefte dieser Sammlung eingehender beschrieben ist.

* * *

Wie wir sahen, weist die Geschichte der Chemie eine ganz andere Entwicklung auf wie die der sonstigen Wissenschaften. Die Medizin z. B. hat es stets als ihre Aufgabe betrachtet, Krankheiten zu erkennen und zu heilen. Die Chemie dagegen hat zu verschiedenen Zeiten verschiedene Ziele verfolgt. Jahrhundertelang galt es als ihr Hauptzweck, unedle Metalle in edle zu verwandeln, Gold künstlich darzustellen; Jahrzehnte hindurch fühlte sie sich nur als Dienerin der Medizin, und erst in der neueren Zeit errang sie die Bedeutung einer Wissenschaft, indem Boyle das experimentelle Verfahren zur Grundlage der chemischen Forschung erhob. Das Verdienst Liebigs aber ist es, eine streng wissenschaftliche Ausbildung der Chemiker durchgeführt zu haben. Und diese enge Verbindung von Wissenschaft und Praxis bedingte ein schnelles und glänzendes Aufblühen der chemischen Gewerbe, von dem das 5. Heft dieser Sammlung handelt.